〔南宋〕林洪 撰

山家清供 下册

附山家清事

廣陵書社
中國·揚州

下卷

蜜漬梅花

楊誠齋詩云：『瓮澄雪水釀春寒，蜜點梅花帶露餐。句裏略無煙火氣，更教誰上少陵壇。』剝白梅肉少許，浸雪水，以梅花釀醖[一]之。露一宿，取出，蜜漬之，可薦酒。較之掃雪烹茶，風味不殊也。

注釋：

[一]釀醖（音運）：釀造。

持螯供

蟹生於江者，黄而腥；生於河者，紺[一]而馨；生於溪者，蒼而青。越淮多趨京，故或枵[二]而不盈。幸有錢君謙齋震祖，惟硯存，復歸於吳門。秋，偶過之，把酒論文，猶不減昨之勤也。留旬餘，每旦市蟹，必取其元烹，以清醋雜以葱、芹，仰之以臍，少俟其凝，人各舉其一，痛飲大嚼，何異乎柏手浮于湖海之濱？庸庖族丁，非曰不文，味恐失真。此物風韻，但橙醋自足以發揮其所蘊也。

且曰：『尖臍蟹，秋風高，團者膏，請舉手，不必刀。羹以蒿，尤可饕。』因舉山谷詩云：『一腹金相玉質，兩螯明月秋江。』真可謂詩中之驗。『舉以手，不必刀』，尤見錢君之豪也。或曰：『蟹所惡，惡朝霧。實竹筐，噀以醋。雖千里，無所誤。』因筆之，爲蟹助。有風蟲，不可同柿食。

注釋：

［一］紺：黑裏透紅的顏色。

［二］枵（音消）：腹空。

湯綻梅

十月後，用竹刀取欲開梅蕊，上下蘸以蠟，投蜜缶中。夏月，以熱湯就盞泡之，花即綻香，可愛也。

通神餅

薑薄切，葱細切，以鹽湯焯。和白糖、白麵，庶不太辣。入香油少許，煠之，能去寒氣。朱晦翁《論語注》云：『薑通神明。』故名之。

金飯

危巽齋詩云：『梅以白爲正，菊以黄爲正，過此，恐淵明、和靖二公不取也。』今世有七十二種菊，正如《本草》所謂『今無真牡丹，不可煎者』。

法：採紫莖黄色正菊英，以甘草湯和鹽少許焯過。候飯少熟，投之同煮。久食，可以明目延年。苟得南陽甘谷水煎之，尤佳也。

昔之愛菊者，莫如楚屈平[一]、晉陶潛。然孰知愛之者，有石澗、元茂焉，雖一行一坐，未嘗不在於菊。繙帙[二]得《菊葉》詩云：『何年霜後黃花葉，色蠹猶存舊卷詩。曾是往來籬下讀，一枝開弄被風吹。』觀此詩，不惟知其愛菊，其爲人清介可知矣。

注釋：

[一]屈平：即戰國時期楚國屈原，名平。

[二]繙帙：查閱書籍。

白石羹

溪流清處取白小石子，或帶蘚衣者一二十枚，汲泉煮之，味甘於螺，隱然有泉石之氣。此法得之吴季高，且曰：『固非通宵煮石之石，然其意則清矣。』

梅粥

掃落梅英，揀净洗之，用雪水同上白米煮粥。候熟，入英同煮。楊誠齋詩曰：『纔看臘後得春饒，愁見風前作雪飄。脱蕊收將熬粥吃，落英仍好當香燒。』

山家三脆

嫩筍、小蕈[一]、枸杞頭，入鹽湯焯熟，同香熟油、胡椒、鹽各少許，醬油、滴醋拌食。趙竹溪密夫酷嗜此。或作湯餅以奉親，名『三脆麵』。嘗有詩云：『筍蕈初萌杞採纖，燃松自煮供親嚴。人間玉食何曾鄙，自是山林滋味甜。』蕈亦名菰。

注釋：

[一]蕈（音訓）：真菌的一類，生長在樹林裏或草地上，種類頗多。

玉井飯

章雪齋鑑宰德澤時，雖槐古馬高，猶喜延客。然後食多不取諸市，恐旁緣擾人。而一日，往訪之，適有蝗不入境之處，留以晚酌數杯。命左右造玉井飯，甚香美。其法：削嫩白藕作塊，採新蓮子去皮心，候飯少沸，投之，如盦飯法。蓋取『太華峰頭玉井蓮，開花十丈藕如船』之句。昔有《藕詩》云：『一彎西子臂，七竅比干心。』今杭都范堰經進斗星藕，大孔七，小孔二，果有九竅。因筆及之。

洞庭饐[一]

舊遊東嘉時，在水心先生[二]席上，適净居僧送饐至，如小錢大，各合以橘葉，清香靄然，如在洞庭左右。先生詩曰：『不待歸來霜後熟，蒸來便作洞庭香。』因謁寺僧，曰：『採蓮與橘葉搗汁加蜜，和米粉作饐，各合以葉蒸之。』市亦有賣，特差多耳。

注釋：

[一]饐（音意）：一種用蓮蓬與橘葉汁加蜜和米粉製成的糕點。

[二]水心先生：即葉適（一一五〇—一二二三），字正則，永嘉（今屬浙江）人，南宋思想家、文學家。葉適晚年在永嘉城外的水心村講學，故被人稱爲『水心先生』。

荼蘼粥 附木香菜

舊辱趙東巘子巘雲瓛夫寄客詩，中款有一詩云：『好春虛度三之一，滿架荼蘼取次開。有客相看無可設，數枝帶雨剪將來。』始謂非可食者。一日過靈鷲，訪僧蘋洲德修，午留粥，甚香美。詢之，乃荼蘼花也。其法：採花片，用甘草湯焯，候粥熟同煮。又，採木香嫩葉，就元焯，以鹽、油拌爲菜茹。僧苦嗜吟，宜乎知此味之清切。知巘雲之詩不誣也。

蓬糕

採白蓬嫩者，熟煮，細搗。和米粉，加以白糖，蒸熟，以香爲度。世之貴介，但知鹿茸、鍾乳爲重，而不知食此實大有補益。詎可以山食而鄙之哉！閩中有草稗。又飯法：候飯沸，以蓬拌麵煮，名蓬飯。

櫻桃煎

櫻桃經雨，則蟲自內生，人莫之見。用水一碗浸之，良久，其蟲皆蟄蟄[一]而出，乃可食也。楊誠齋詩云：『何人弄好手？萬顆搗塵脆。印成花鈿薄，染作冰澌紫。北果非不多，此味良獨美。』要之，其法不過煮以梅水，去核，搗印爲餅，而加以白糖耳。

注釋：

[一]蟄蟄：衆多的樣子。

如薺菜

劉彝學士宴集間，必欲主人設苦蕒。狄武襄公青帥邊時，邊郡難以時置。一日集，彝與韓魏公對坐，偶此菜不設，謾罵狄分至黥[一]卒。狄聲色不動，仍以先生呼之，魏公知狄真將相器也。《詩》云：『誰謂茶苦？』劉可謂『甘之如薺[二]』者。

其法：用醯[三]、醬獨拌生菜。然作羹，則加之薑、鹽而已。《禮記》：『孟夏，苦菜秀是也。』《本草》：『一名荼，安心益氣。隱居作屑飲，不可寐。』今交廣多種之。

注釋：

[一]黥（音情）：古代刑罰，在犯人面額上刺字塗墨。

[二]甘之如薺：出自《詩經·邶風·谷風》：『誰謂荼苦？其甘如薺。』形容雖苦猶甜。

[三]醯（音西）：醋。

蘿菔麵

王醫師承宣，常擣蘿菔汁、搜麵作餅，謂能去麵毒。《本草》云：『地黃與蘿菔同食，能白人髮。』水心先生酷嗜蘿菔，甚於服玉。謂誠齋云：『蘿菔始是辣底玉。』

僕與靖逸葉賢良紹翁過從二十年，每飯必索蘿菔，與皮生啖，乃快所欲。靖逸平生讀書不減水心，而所嗜略同。或曰『能通心氣，故文人嗜之』。然靖逸未老而髮已皤[一]，豈地黃之過與？

注釋：

[一]皤（音婆）：形容老人白首的樣子。

麥門冬煎

春秋，採根去心，搗汁和蜜，以銀器重湯煮，熬如飴爲度。貯之磁器內。温酒化，温服，滋益多矣。

假煎肉

瓠與麩薄切，各和以料煎。麩以油浸煎，瓠以肉脂煎。加蔥、椒、油、酒共炒。瓠與麩不惟如肉，其味亦無辨者。吴何鑄宴客，或出此。吴中貴家，而喜與山林朋友嗜此清味，賢矣。或常作小青錦屏風，烏木瓶簪，古梅枝綴像，生梅數花寘座右，欲左右未嘗忘梅。

一夕，分題賦詞，有孫貴蕃、施游心，僕亦在焉。僕得心字《戀繡衾》，即席云：『冰肌生怕雪來禁。翠屏前、短瓶滿簪。真個是、疎枝瘦。認花兒、不要浪吟。等閑蜂蝶都休惹，暗香來、時借水沉。既得個、厮偎伴任風雪。』儘自於心，諸公差勝，今忘其辭。每到，必先酌以巨觥，名『發符酒』，而後觴咏，抵夜而去。

今喜其子姪皆克肖，故及之。

橙玉生

雪梨大者，去皮核，切如骰子大。後用大黃熟香橙，去核，搗爛，加鹽少許，同醋、醬拌勻供，可佐酒興。葛天民《嘗北梨》詩云：『每到年頭感物華，新嘗梨到野人家。甘酸尚帶中原味，腸斷春風不見花。』雖非味梨，然每愛其寓物，有黍離[一]之歎，故及之。如咏雪梨，則無如張斗埜蘊『蔽身三寸褐，貯腹一團冰』之句，被褐懷玉者，蓋有取焉。

注釋：

[一]黍離：即《詩經·王風·黍離》，抒發故國之悲。

玉延索餅

山藥，名薯蕷，秦楚之間名玉延。花白，細如棗，葉青，鋭於牽牛。夏月，溉以黄土壤，則蕃。春秋採根，白者爲上，以水浸，入礬少許。經宿，洗凈去延，焙乾，磨篩爲麵。宜作湯餅用。如作索餅，則熟研，濾爲粉，入竹筒，微溜於淺酸盆内，出之於水，浸去酸味，如煮湯餅法。如煮食，惟刮去皮，蘸鹽、蜜皆可。其性温，無毒，且有補益。故陳簡齋[一]有《延玉賦》，取香、色、味以爲三絶。陸放翁亦有詩云：『久緣多病疎雲液，近爲長齋煮玉延。』比於杭都多見如掌者，名『佛手藥』，其味尤佳也。

注釋：

[一]陳簡齋：即陳與義（一〇九〇—一一三九），字去非，號簡齋，洛陽（今屬河南）人。有《簡齋集》傳世。

大耐糕

向雲杭公袞夏日命飲，作大耐糕。意必粉麵爲之。及出，乃用大李子。生者去皮剜核，以白梅、甘草湯焯過。用蜜和松子肉、欖仁去皮、核桃肉去皮、瓜仁劃碎，填之滿，入小甑蒸熟，謂耐糕也。非熟，則損脾。且取先公『大耐官職』之意，以此見向者有意於文簡之衣鉢也。

夫天下之士，苟知『耐』之一字，以節義自守，豈患事業之不遠到哉！因賦之曰：『既知大耐爲家學，看取清名自此高。』《雲谷類編》乃謂大耐本李沆事，或恐未然。

鴛鴦炙

蜀有雞，素[一]中藏綬如錦，遇晴則向陽擺之，出二角寸許。李文饒詩云：『葳蕤散綬輕風裏，若御若垂何可疑。』王安石詩云：『天日清明即一吐，兒童初見互驚猜。』生而反哺，亦名孝雉。杜甫有『香聞錦帶羹』之句，而未嘗食。

向遊吳之蘆區，留錢春塘。在唐舜選家持螯把酒。適有弋人携雙鴛至。得之燖，以油爁，下酒、醬、香料燠[二]熟。飲餘吟倦，得此甚適。詩云：『盤中一箸休嫌瘦，入骨相思定不肥。』

不減『錦帶』矣。靖言思之，吐綬鴛鴦，雖各以文采烹，然吐綬能返哺，烹之忍哉？

雉，不可同胡桃、木耳簞食，下血。

注釋：

[一]素：通『嗉』，禽鳥喉下貯存食物的地方。

[二]燠（音玉）：熱。

筍蕨餛飩

採筍、蕨嫩者，各用湯焯。以醬、香料、油和勻，作餛飩供。

向者，江西林谷梅少魯家，屢作此品。後坐古香亭下，採芎、菊苗薦茶，對玉茗花，真佳適也。玉茗似茶少異，高約五尺許，今獨林氏有之。林乃金臺山房之子，清可想矣。

雪霞羹

採芙蓉花，去心、蒂，湯焯之，同豆腐煮。紅白交錯，恍如雪霽之霞，名「雪霞羹」。加胡椒、薑，亦可也。

鵝黃豆生

温陵人前中元數日，以水浸黑豆，曝之。及芽，以糠秕寘盆中，鋪沙植豆，用板壓。及長，則覆以桶，曉則曬之。欲其齊而不爲風日損也。中元，則陳於祖宗之前。越三日，出之，洗焯，以油、鹽、苦酒、香料可爲茹。卷以麻餅尤佳。色淺黃，名「鵝黃豆生」。

僕遊江淮二十秋，每因以起松楸之念。將賦歸，以償此一大願也。

真君粥

杏子煮爛去核，候粥熟，同煮，可謂『真君粥』。向遊廬山，聞董真君未仙時多種杏。歲稔，則以杏易穀；歲歉，則以穀賤糶[一]。時得活者甚衆。後白日昇仙，世有詩云：『爭似蓮花峰下客，種成紅杏亦昇仙。』豈必專而煉丹服氣？苟有功德於人，雖未死而名已仙矣。因名之。

注釋：

[一]糶（音眺）：賣出糧食。

酥黃獨

雪夜，芋正熟，有仇芋曰：『從簡載酒來，扣門就供之。』乃曰：『煮芋有數法，獨酥黃獨世罕得之。』熟芋截片，研榧子、杏仁和醬，拖麵煎之，且白侈爲甚妙。詩云：『雪翻夜鉢裁成玉，春化寒酥剪作金。』

滿山香

陳習庵填《學圃》詩云：『只教人種菜，莫誤客看花。』可謂重本而知山林味矣。僕春日渡湖，訪雪獨庵，遂留飲，供春盤，偶得詩云：『教童收取春盤去，城市如今菜色多。』非薄菜也，以其有所感，而不忍下箸也。薛曰：『昔人贊菜，有云「可使士大夫知此味，不可使斯民有此色」，詩與文雖不同，而愛菜之意無以異。』

一日，山妻煮油菜羹，自以爲佳品。偶鄭渭濱師吕至，供之，乃曰：『予有一方爲獻：只用蒔蘿、茴香、薑、椒爲末，貯以葫蘆，候煮菜少沸，乃與熟油、醬同下，急覆之，而滿山已香矣。』試之果然，名『滿山香』。比聞湯將軍孝信，嗜盦菜，不用水，只以油炒，候得汁出，和以醬料盦熟，自謂香品過於禁臠[一]。湯，武士也，而不嗜殺，異哉！

注釋：

[一] 臠：切成小塊的肉。

酒煮玉蕈

鮮蕈净洗，約水煮。少熟，乃以好酒煮。或佐以臨漳緑竹筍，尤佳。施芸隱樞《玉蕈》詩云：『幸從腐木出，敢被齒牙和。真有山林味，難教世俗知。香痕浮玉葉，生意滿瓊枝。饕腹何多幸，相酬獨有詩。』今後苑多用酥炙，其風味猶不淺也。

鴨脚羹

葵，似今蜀葵。叢短而葉大，以傾陽，故性温。其法與羹菜同。《豳風》七月所烹者，是也。採之不傷其根，則復生。古詩故有『採葵莫傷根，傷根葵不生』之句。

昔公儀休相魯，其妻植葵，見而拔之曰：『食君之禄，而與民争利，可乎？』今之賣餅、貨醬、貿錢、市藥，皆食禄者，又不止植葵，小民豈可活哉！白居易詩云『禄米獐牙稻，園蔬鴨脚羹』，因名。

石榴粉 銀絲羹附

藕截細塊，砂器内擦稍圓，用梅水同胭脂染色，調緑豆粉拌之，入雞汁煮，宛如石榴子狀。又用熟筍細絲，亦和以粉煮，名『銀絲羹』。此二法恐相因而成之者，故併存。

廣寒糕

採桂英，去青蒂，灑以甘草水，和米舂粉，炊作糕。大比歲，士友咸作餅子相饋，取『廣寒高甲』之讖。又以採花略蒸，曝乾作香者，吟邊酒裏，以古鼎燃之，尤有清意。童用堀師禹詩云：『膽瓶清氣撩詩興，古鼎餘葩暈酒香。』可謂此花之趣也。

河祇粥

《禮記》：『魚乾曰薨。』古詩云有『酌醴焚枯』之句。南人謂之鮝，多煨食，罕有造粥者。比遊天台山，有取乾魚浸洗，細截，同米粥，入醬料，加胡椒，言能愈頭風，過於陳琳之檄。亦有雜豆腐爲之者。《雞跖集》云『武夷君食河祇脯，乾魚也』，因名之。

鬆玉

文惠太子問周顒曰：『何菜爲最？』顒曰：『春初早韭，秋末晚菘。』然菘有三種，惟白於玉者甚鬆脆，如色稍青者，絶無風味。因侈其白者曰『鬆玉』，亦欲世人知有所取擇也。

雷公栗

夜讀書倦，每欲煨栗，必慮其燒氈之患。一日馬北鄽逢辰曰：『只用一栗蘸油，一栗蘸水，寘鐵銚內，以四十七栗密覆其上，用炭火燃之，候雷聲爲度。』偶一日同飲，試之果然，且勝於沙炒者。雖不及數，亦可矣。

東坡豆腐

豆腐，葱油煎，用研榧子一二十枚，和醬料同煮。又方，純以酒煮。俱有益也。

碧筒酒

暑月，命客泛舟蓮蕩中，先以酒入荷葉束之，又包魚鮓它葉內。俟舟迴，風薰日熾，酒香魚熟，各取酒及鮓，真佳適也。坡云：『碧筒時作象鼻彎，白酒微帶荷心苦。』坡守杭時，想屢作此供用。

罯乳魚

罯中粟净洗，磨乳。先以小粉寘缸底，用絹囊濾乳下之，去清入釜，稍沸，亟灑淡醋收聚。仍入囊，壓成塊，仍小粉皮鋪甑內，下乳蒸熟。略以紅麯水灑，少蒸取出。起作魚片，名『罯乳魚』。

勝肉𫗦[一]

焯筍、蕈，同截，入松子、胡桃，和以油、醬、香料，搜麵作𫗦子。試蕈之法：薑數片同煮，色不變，可食矣。

注釋：

[一]𫗦：餅類食物。

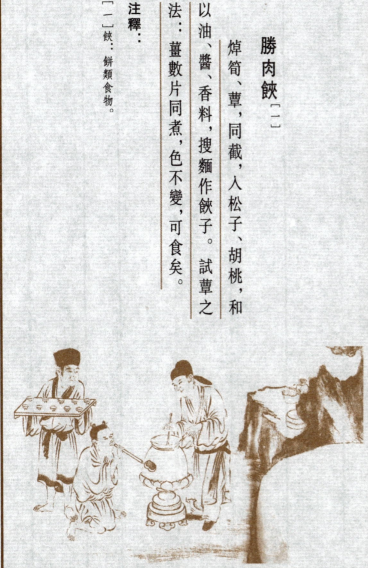

木魚子

坡云：「贈君木魚三百尾，中有鵝黃木魚子。」春時，剥棕魚蒸熟，與筍同法。蜜煮酢浸，可致千里。蜀人供物多用之。

自愛淘

炒葱油，用純滴醋和糖、醬作齏，或加以豆腐及乳餅，候麵熟過水，作茵供食，真一補藥也。食，須下熱麵湯一杯。

忘憂齏

嵇康云：「合歡蠲忿，萱草忘憂。」崔豹《古今注》曰「丹棘」，又名鹿葱。春採苗，湯焯過，以醬油、滴醋作爲齏，或燥以肉。何處順宰相六合時，多食此。毋乃以邊事未寧而憂未忘耶？因贊之曰：「春日載陽，採萱於堂。天下樂兮，憂心乃忘。」

脆琅玕

萵苣去葉、皮，寸切，瀹以沸湯，搗薑、鹽、熟油、醋拌，漬之，頗甘脆。杜甫種此，旬不甲，拆且歎：『君子脱微禄，轗軻[一]不進，猶芝蘭困荆杞。』以是知詩人非有口腹之奉，寔有感而作也。

注釋：

[一]轗軻：同『坎坷』。

炙獐

《本草》：秋後，其味勝羊。道家羞爲白脯，其骨可爲獐骨酒。今作大臠，用鹽、酒、香料淹少頃，取羊脂包裹，猛火炙熟，擘去脂，食其獐。麂[一]同法。

注釋：

[一]麂（音己）：像鹿，腿細而有力，善於跳躍。通稱『麂子』。

當團參

白匾豆，北人名鵲豆。温，無毒，和中下氣。爛炊，其味甘。今取葛天民詩云「爛炊白匾豆，便當紫團參」之句，因名之。

梅花脯

山栗、橄欖薄切，同拌，加鹽少許，同食有梅花風韻，名「梅花脯」。

牛尾狸

《本草》云：『班如虎者最，如猫者次之。肉主療痔病。』

法：去皮，取腸腑，用紙揩净，以清酒洗。入椒、葱、茴香於其內，縫密，蒸熟。去料物，壓宿，薄片切如玉。雪天爐畔，論詩飲酒，真奇物也。故東坡有『雪天牛尾』之咏。或紙裹糟一宿，尤佳。

楊誠齋詩云：『狐云韻勝冰玉腑，字則未聞名季狸。誤隨齊相燧牛尾，策勛封作糟丘子。』

南人或以爲繪形如黃狗，鼻尖而尾大者，狐也。其性亦温，可去風補癆。臘月取膽，凡暴亡者，以温水調灌之，即愈。

金玉羹

山藥與栗各片截，以羊汁加料煮，名『金玉羹』。

山煮羊

羊作臠，寘砂鍋內。除葱、椒外，有一秘法：只用搥真杏仁數枚，活水煮之，至骨亦糜爛。每惜此法不逢漢時，一關內侯何足道哉！

牛蒡脯

孟冬後，採根，净洗。去皮煮，毋令失之過。捶匾壓乾，以鹽、醬、茴、蘿、薑、椒、熟油諸料研，浥一兩宿，焙乾。食之，如肉脯之味。筍與蓮脯同法。

牡丹生菜

憲聖[一]喜清儉，不嗜殺。每令後苑進生菜，必採牡丹瓣和之。或用微麵裹，煠之以酥。又時收楊花爲鞋、韈、褥之屬。性恭儉，每至治生菜，必於梅下取落花以雜之，其香猶可知也。

注釋：

[一]憲聖：即南宋高宗吴皇后，謚號憲聖慈烈。

不寒齏

法：用極清麵湯，截菘菜，和薑、椒、茴、蘿。欲極熟，則以一杯元齏和之。又入梅英一掬，名『梅花齏』。

素醒酒冰

米泔浸瓊芝菜，曝以日。頻攪，候白洗，搗爛。熟煮取出，投梅花十數瓣。候凍，薑、橙爲鱠齏供。

豆黃簽

豆麵細茵，曝乾藏之。青芥菜心同煮爲佳。第此二品，獨泉有之，如止用他菜及醬汁，亦可，惟欠風韻耳。

菊苗煎

春遊西馬塍[一]，會張將使元耕軒，留飲。命予作《菊田賦》詩，作墨蘭。元甚喜，數杯後，出菊煎。法：採菊苗，湯瀹，用甘草水調山藥粉，煎之以油。爽然有楚畹[二]之風。張，深於藥者，亦謂『菊以紫莖爲正』云。

注釋：

[一]西馬塍（音成）：在杭州武林門外。五代吳越國時爲官府牧馬之所。《淳祐臨安志》載：『東西馬塍，在餘杭門外。……土細宜花卉，園人多工於種接，爲都城之冠。』

[二]楚畹（音晚）：語出自《楚辭·離騷》：『余既滋蘭之九畹兮，又樹蕙之百畝。』

胡麻[一]酒

舊聞有胡麻飯，未聞有胡麻酒。盛夏，張整齋賴招飲竹閣。正午，各飲一巨觥，清風颯然，絕無暑氣。其法：贖麻子二升，煮熟略炒，加生薑二兩，龍腦、薄荷一握，同入砂器細研。投以煮酒五升，濾柤去，水浸飲之，大有益。因賦之曰：『何須更覓胡麻飯，六月清涼却是渠。』《本草》名『巨勝子』，桃源所飯胡麻，即此物也。恐虛誕者自異其說云。

注釋：

[一]胡麻：即芝麻。

茶供

茶即藥也。煎服，則去滯而化食；以湯點之，則反滯膈而損脾胃。蓋世之利者，多採葉雜以爲末，既又怠於煎煮，宜有害也。

今法：採芽，或用碎萼，以活水、火煎之。飯後，必少頃乃服。東坡詩云『活水須將活火烹』，又云『飯後茶甌未要深』，此煎法也。陸羽《經》[二]亦以江水爲上，山與井俱次之。今世不惟不擇水，且入鹽及茶果，殊失正味。不知惟葱去昏，梅去倦，如不昏不倦，亦何必用？古之嗜茶者，無如玉川子[三]，惟聞煎吃。

如以湯點，則安能及也七碗乎？山谷詞云：『湯響松風，早減了、二分酒病。』倘知此，則口不能言，心下快活，自省知禪參透。

注釋：

[一]陸羽《經》：即陸羽所撰《茶經》。陸羽（七三三—約八〇四），字鴻漸，一名疾，字季疵，復州竟陵（今屬湖北）人。善於茶道，被譽爲『茶聖』，所著《茶經》爲世界最早一部有關飲茶文化的著作。

[二]玉川子：即盧仝（？—八三五），自號玉川子，唐代詩人，一説爲范陽（今屬河北）人。盧仝《走筆謝孟諫議寄新茶》：『一碗喉吻潤，兩碗破孤悶。三碗搜枯腸，惟有文字五千卷。四碗發輕汗，平生不平事，盡向毛孔散。五碗肌骨清，六碗通仙靈。七碗吃不得也，惟覺兩腋習習清風生。』

新豐酒法

初用麵一斗、糟醋三升、水二擔，煎漿。及沸，投以麻油、川椒、葱白，候熟，浸米一石。越三日，蒸飯熟，及以元漿煎强半，及沸，去沫。又没以川椒及油，候熟注缸面。入斗許飯及麵末十斤、酵半升。暨曉，以元飯貯别缸，却以元酵飯同下，入水二擔、麯二斤，熟踏覆之。既曉，攪以木擺。越三日，止四五日，可熟。

其初餘漿，又加以水浸米，每值酒熟，則取酵以相接續，不必灰其麯，只磨麥和皮，用清水搜作餅，令堅如石。初無他藥，僕嘗從危巽齋子驂之新豐之故，知其詳。危居此時，嘗禁竊酵，以顯所釀；戒懷生粒，以金所釀；且給新屨，以潔所。所酵誘客，舟以通所釀，故所釀日佳而利不虧。是以知酒政之微，危亦究心矣。

昔人《丹陽道中》[一]詩云：『乍造新豐酒，猶聞舊酒香。抱琴沽一醉，盡日卧斜陽。』正其地也[二]。沛中自有舊豐，馬周獨酌之地，乃長安效新豐[三]也。

注釋：

[一]昔人《丹陽道中》：疑爲南宋陳存《丹陽作》，詩云『暫入新豐市，猶聞舊酒香。抱琴沽一醉，盡日卧垂楊』。

[二]正其地也：在今江蘇省鎮江市丹徒區，其地亦産美酒。

[三]長安效新豐：漢高祖定都長安後，因其父太公思念故鄉豐邑（今江蘇豐縣），高祖仿豐邑之制建城，遷太公舊居，改稱新豐（今陝西省西安市臨潼區）。

附山家清事

相鶴訣

鶴不難相，人必清於鶴，而後可以相鶴矣。夫頂丹頰碧，毛羽瑩潔，頸纖而修，身聳而正，足癯而節高，頗類不食烟火人，乃可謂之鶴。望之如鷹、鶩、鵝、鸛然，斯爲下矣。養以屋必近水竹，給以料必備魚稻。養以籠，飼以熟食，則塵濁而乏精采。豈鶴俗也，人俗之耳。欲教舞，候其餒寘食於闊遠處，拊掌誘之，則奮翼而唳若舞狀。久則聞拊掌而必起，此食化也，豈若仙家和氣自然之感召哉？今仙種恐惟華亭種差强耳。

種竹法

《岳州風土記》《文心雕龍》皆以五月十三日爲生日，《齊民要術》則以八月八日爲醉日，亦爲迷日，俱有可疑。比得之老園丁，曰：『種竹無時，認取南枝。』又曰：『莫教樹知，先鉏地，令鬆且闊，沃以泥及馬糞。急移竹，多帶舊土；本者種之，勿踏以足。若換葉，姑聽之，毋遽拔去。』又有二秘法：迎陽氣，則取季冬；順土氣，則取雨時。若慮風，則去梢而縛架。連數根種，則易生筍。過此謂有他法者，難矣哉！

酒具

山徑兀，以蹇驢載酒，詎容無具。舊有偏提，猶今酒鱉，長可尺五而匾，容斗餘，上竅出入，猶小錢大，長可五分，用塞，設兩環，帶以革，惟漆爲之。和靖翁《送李山人》故有『身上衹披粗直裰，馬前長帶古偏提』之句。今世又有大漆葫蘆，鬲以三，酒下，果中，肉上，以青絲絡負之。或副以書篋，可作一擔，加以雨具及琴，皆可。較之沈存中游山具差省矣。惟酒榼當依沈制，不用銀器。

山轎

夏禹山行乘橋，漢南粵王輿橋過嶺。顏師古北人，固不知南人乘橋渡嶺，而洪景盧亦謂山行之車只宜平地，孰若今轎爲便。橋即轎，固無疑矣。若山轎，則無如今廬山建昌高下輪轉之制。或施以青罩，用肩板椶繩低輿之，猶今貴介郊行者良便游賞。有如謝屐，上山則去前齒，下山則去後齒。非不爲雅，孰若今釘履爲便云？

山備

山深嵐重，仙道未能，生薑豈容不帶？每旦帶皮生薑細嚼，熟酒下之，或薑湯亦可矣。

梅花紙帳

法：用獨床，旁植四黑漆柱，各掛以錫瓶，插梅數枝。後設黑漆枝，約二尺，自地及頂，欲靠以清坐。左右設橫木一，可掛衣。角安班竹書貯一，藏書三四，掛白麈以上，作大方目頂，用細白楮衾作帳罩之，前安小踏床，於左植緑漆小荷葉一，寘香鼎，然紫藤香。中紙用布單、楮衾、菊枕、蒲褥，裨自相稱『道人還了鴛鴦債，紙帳梅花醉夢間』之意。古語云：『千朝服藥，不如一夜獨宿。』倘未能以此爲戒，宜亟移去梅花，毋污之。

火石

《語》曰：「鑽燧改火。」《化書》云：「陽燧召火，方諸召水。」燧，日中取火鏡也。入夜則當以石，今崑山石也。或竹木相戛，如鋸竹木然亦可矣。必先焚紙灰於鉢中，候之如法，以燭及燈皆所當備，若能拾乾薪掃落葉以儲之，尤見有徹桑未雨之意。

泉源

臘月剖修竹相接，各釘以竹釘。引泉之甘者，貯之以缸。杜甫所謂「剖竹走泉源」者，此也。又須愛護用之，諺云：「近水惜水。」此實修福之事云。

山房三益

秋采山甘菊花，貯以紅棋布囊，作枕用，能清頭目去邪穢。采蒲花如柳絮者熟鞭，貯以方青囊，作坐褥或卧褥。春則暴收，甚温燠，雖卧木棉不可及也。采松樛枝作曲几以靠背，古名養和。

插花法

插梅每旦當刺以湯。插芙蓉當以沸湯，閉以葉少頃。插蓮當先花而後水。插梔子當削頭而槌破。插牡丹、芍藥及蜀葵、萱草之類，皆當燒枝，則盡開。能依此法，則造化之不及者全矣。

詩筒

白樂天與元微之常以竹筒貯詩，往來賡唱。和靖翁故有『帶班猶恐俗，和節不防山』之句。每謂既有詩筒，可無吟箋，以助清灑。一日，許判司執中遠以葵箋分惠，緑色而澤，入墨覺有精采，詢其法，乃得之北司劉廉靖尊。采帶露葵葉研清汁，用布擦竹紙上，候少乾，用温火熨之。許嘗有詩云：『不取傾陽色，那知戀主心。』此法不獨便於山家，且知二公俱有葵藿向陽之意，豈不愈於題芭蕉、書柿葉者乎！

金丹正論

金取乎剛，丹取乎一。不剛以戒欲，不一以存誠，豈金丹乎？有如純乾即丹也，自强不息即金也。苟能剛毅以存吾誠，則此丹可以存諸身而施諸天下，豈小用哉！如欲舍此以求法，不過欲知玄牝之門耳，非鼻，非口，非泥丸，非丹田，惟内腎一竅名玄關，外腎一竅名牝户。無所感觸，則精不外化，而後玄關可以上通。既通，則精氣流轉於一身而復於元，又能凝神調息以養之。至於息調，心静則天地元氣自隨節候以感通，久而不爲物奪，自可以漸入天道。過此又欲求三峰黄白之術，此愚夫也，何足以語道。蓋自古以來，何嘗有貪財好色之神仙云？

食豚自戒

僕舊苦臟疾，偶遇人曰：『但不食豚而已。』試之一歲，果爾。按《本草》云：『其肉不可食，令人暴肥而召風，又耗心氣。』又，文人尤所當戒，且食多忌，吴茱萸、白花菜、蕎麥，皆不可同食。由是，久不食而他病亦鮮，且覺氣爽，而讀書日益悟，信不食豚之功大。或曰：『事祠山者當戒。』此恐未有所據云。

種梅養鶴圖記

擇故山濱水地，環籬植荆棘，間栽以竹，入竹丈餘植夫容三百六十，入夫容餘二丈環以梅。又餘三丈，重籬外植芋栗果實，内重植梅，結屋前茅後瓦。入閣名尊經，藏古今書籍，中屏書『堯舜之道孝弟而已矣，夫子之道忠恕而已矣』字。進三丈，設長榻二，中掛三教圖，横扁大可山字，上樓祀事天地宗親君師，左塾訓子，右道院迎賓客。進，舍三：寢一、讀書二、治藥一。後舍二：一儲酒穀，列農具、山具，壁塗擇以芋，書田所畝三十，紀歲入；一安僕後庖湢，稱是。童一、婢一、園丁二。前鶴屋養鶴數雙，後犬十二足，騾四蹄，牛四角，客至具蔬食酒核。暇則讀書，課農圃事，毋苦吟，以安天年。落成謝所賜，律身以廉介，處家以安順。待下恕，交鄰睦，爲子孫悠久地。先太祖瓚在唐以孝旌，七世祖逋寓孤山，國朝謚和靖先生。高祖卿材、曾祖之邵、祖全皆仕。父惠，號心齋，母氏凌姓。今妻德真女張興，字曰小可。山家塾所刊：魏鶴山、劉漫塘所跋《經集》《大雅》《復古詩集》，趙南塘、趙玉堂序跋《西湖衣鉢》，樓秋房跋《文房圖贊》，真西山跋《詩後》，趙南塘跋《平衢寇碑》，謝益齋、史不窗、陳東軒書《梅鶴圖》，王潛齋擬《晉唐帖並寄詩》，陳習庵諸薦書

《唐宋詩律》《施芸隱詞》。扣閽奏本十，《上都賦》一，續諷諫篇三十。所藏當世名賢詩帖不計百，江湖吟卷不計千。先和靖遺文二，祖收五斤鐵簡一，誥敕存三十，汀洲兄文雅譚書一。家傳《慈湖太極圖》以辛卯火不存。甚欲求趙子固《水仙畫》未能也。手抄經史，節二論，策括二，志未遂而眼以花，此圖落成在何時，山有靈將大有際遇，姑録其梗概，蓋少慰吾梅鶴云。

江湖詩戒

樽酒論詩，江湖義也。或雖緩於理而急於一字一句之争，甚者赭面裂眦，豈義也哉？不思詩之理本同，而其體則異，使學《騷》者果如《騷》，學《選》者果如《選》，學唐、學江西者果如唐、如江西。譬之韓文不可以人柳，柳文不可以人韓，各精其所精，如斯而已，豈可執法以律天下之士哉！此既律彼，彼必律此，勝心起而義俱失矣。於是作戒詩曰：『詩有不同，同歸於理。己欲律人，人將律己。全此交情，惟默而已。可與言者，斯可言矣。』

山林交盟

山林交與市朝異，禮貴簡，言貴直，所尚貴清。善必相薦，過必相規，疾病必相救藥，書尺必直言事。初見用刺不拘服色，主肅入序坐稱號以號及表字不以官，講問必實言所知所聞事，有父母者，必備刺拜報謁同。自後傳人一揖坐，詩文隨言，毋及外事時政異端。饌飲隨所共，會次坐序齒不以貴賤，僧道易飲隨量，詩隨意，坐起自如，不許逃席。乏使令則供執役，請必如期，無速客例，有幹實告，及歸不必謝。凡涉忠孝友愛事當盡心，毋慢嫉前輩，須接誘後學，以共追古風。貴介公子有志於古者，必不驕人。苟非其人，不在兹約，凡我同盟，願如金石。

文華叢書

《文華叢書》是廣陵書社歷時多年精心打造的一套綫裝小型開本國學經典。選目均爲中國傳統文化之經典著作，如《唐詩三百首》《宋詞三百首》《古文觀止》《四書章句》《六祖壇經》《山海經》《天工開物》《歷代家訓》《納蘭詞》《紅樓夢詩詞聯賦》等，均爲家喻户曉、百讀不厭的名作。裝幀採用中國傳統的宣紙、綫裝形式，古色古香，樸素典雅，富有民族特色和文化品位。精選底本，精心編校，字體秀麗，版式疏朗，價格適中。經典名著與古典裝幀珠聯璧合，相得益彰，贏得了越來越多讀者的喜愛。現附列書目，以便讀者諸君選購。

人間詞話（套色）（二册）
了凡四訓 勸忍百箴（二册）
三字經·百家姓·千字文·弟子規（外二種）（二册）
三曹詩選（二册）
小窗幽紀（二册）
山谷詞（套色、插圖）（二册）
山海經（插圖本）（三册）
千家詩（二册）
王安石詩文選（二册）
王維詩集（二册）
天工開物（插圖本）（四册）
元曲三百首（二册）
元曲三百首（插圖本）（二册）
太極圖説·通書（二册）
水雲樓詞（套色、插圖）（二册）
片玉詞（套色、注評、插圖）（二册）
六祖壇經（二册）
文心雕龍（二册）
文房四譜（二册）
孔子家語（二册）
世説新語（二册）
古文觀止（四册）
古詩源（三册）
史記菁華録（三册）
史略·子略（三册）
四書章句（大學、中庸、論語、孟子）（二册）
白雨齋詞話（三册）
白居易詩選（二册）
老子·莊子（三册）
西厢記（插圖本）（二册）
列子（二册）
伊洛淵源録（二册）
孝經·禮記（三册）
花間集（套色、插圖本）（二册）
杜牧詩選（二册）
李白詩選（簡注）（二册）
李商隱詩選（二册）
李清照集附朱淑真詞（二册）

近三百年名家詞選(三册)
近思録(二册)
辛弃疾詞(二册)
宋元戲曲史(二册)
宋詞三百首(二册)
宋詞三百首(套色、插圖本)(二册)
宋詩舉要(三册)
初唐四傑詩(二册)
長物志(二册)
林泉高致・書法雅言(一册)
東坡志林(二册)
東坡詞(套色、注評)(二册)
呻吟語(四册)
金剛經・百喻經(二册)
金奩集(二册)
周易・尚書(二册)
孟子(附孟子聖迹圖)(二册)
孟浩然詩集(二册)
草堂詩餘(二册)

茶經・續茶經(三册)
荀子(三册)
柳宗元詩文選(二册)
秋水軒尺牘(二册)
鬼谷子(二册)
姜白石詞(一册)
洛陽伽藍記(二册)
紅樓夢詩詞聯賦(二册)
秦觀詩詞選(二册)
珠玉詞・小山詞(二册)
格言聯璧(二册)
笑林廣記(二册)
唐詩三百首(二册)
唐詩三百首(插圖本)(二册)
酒經・酒譜(二册)
浮生六記(二册)
孫子兵法・孫臏兵法・三十六計(二册)
陶庵夢憶(二册)
陶淵明集(二册)

納蘭詞(套色、注評)(二册)
菜根譚・幽夢影・圍爐夜話(三册)
菜根譚・幽夢影(二册)
雪鴻軒尺牘(二册)
張玉田詞(二册)
搜神記(二册)
閑情偶寄(四册)
飲膳正要(二册)
曾國藩家書精選(二册)
畫禪室隨筆附骨董十三説(二册)
絶妙好詞箋(三册)
夢溪筆談(三册)
楚辭(二册)
園冶(二册)
傳習録(二册)
傳統蒙學叢書(二册)
詩品・詞品(二册)
詩經(插圖本)(二册)
裝潢志・賞延素心録(外九種)(二册)

經史問答(二册)
經典常談(二册)
管子(四册)
隨園食單(二册)
蕙風詞話(三册)
歐陽修詞(二册)
遺山樂府選(二册)
墨子(三册)
樂章集(插圖本)(二册)
論語(附聖迹圖)(二册)
歷代家訓(簡注)(二册)
戰國策(四册)
學詞百法(二册)
學詩百法(二册)
韓愈詩文選(二册)
藝概(二册)
顔氏家訓(二册)
*憶雲詞(二册)

(加*爲待出書目)

清賞叢書

《清賞叢書》是廣陵書社最新打造的一套綫裝小開本圖書。本叢書選目均爲古人所稱清玩之物、清雅之言，主要是有關古人精緻生活、書畫金石鑒賞等著作，如高濂《遵生八箋》、張岱《西湖夢尋》、曹昭《格古要論》等，讓喜好傳統文化的讀者，享受古典之美，欣賞風雅之樂。

本叢書裝幀仍採用中國傳統的宣紙、綫裝形式，與本社另一套經典名著叢書《文華叢書》相得益彰，古色古香，樸素典雅，富有民族特色和文化品位。本社精選底本，精心編校，版式疏朗，字體秀麗，價格適中。現附列書目，以便讀者選購。

（加*爲待出書目）